BEI GRIN MACHT SICH IHR WISSEN BEZAHLT

- Wir veröffentlichen Ihre Hausarbeit,
  Bachelor- und Masterarbeit

- Ihr eigenes eBook und Buch -
  weltweit in allen wichtigen Shops

- Verdienen Sie an jedem Verkauf

Jetzt bei www.GRIN.com hochladen
und kostenlos publizieren

Peter Welzbacher

Eisen und Stahl. Gewinnung, Produktion und Nachbehandlung

GRIN Verlag

Bibliografische Information der Deutschen Nationalbibliothek:

Die Deutsche Bibliothek verzeichnet diese Publikation in der Deutschen National-bibliografie; detaillierte bibliografische Daten sind im Internet über http://dnb.d-nb.de/ abrufbar.

Impressum:

Copyright © 2012 GRIN Verlag GmbH
Druck und Bindung: Books on Demand GmbH, Norderstedt Germany
ISBN: 978-3-656-97884-8

Dieses Buch bei GRIN:

http://www.grin.com/de/e-book/300561/eisen-und-stahl-gewinnung-produktion-und-nachbehandlung

Friedrich-Dessauer-Gymnasium

Seminararbeit
„Eisen und Stahl"

Von Peter Welzbacher

2012

GLIEDERUNG DER SEMINARARBEIT „EISEN UND STAHL"

Damals wie heute ist Eisen für die wirtschaftliche Lage und die globale Positionierung eines Landes von großer Bedeutung.

Der Siegeszug des Eisens begann mit der Entdeckung des Eisens vor etwa 5000 Jahren im alten Ägypten, wo eisenhaltiges Meteoritengestein verarbeitet und zu Waffen und Gebrauchsgegenständen geschmiedet wurde. In Europa begann der Siegeszug des Stahls erst um 800 v.Chr., als die Kelten in Oberösterreich ein großes Eisenerzvorkommen entdeckten und begannen, dieses Eisenerz durch Erhitzen formbar und somit nutzbar zu machen. Diese Ära wird deshalb allgemein als Eisenzeit bezeichnet. Die Stahlherstellung war damals allerdings sehr mühsam, da die Temperaturen, unter denen die Kelten das Eisenerz in sogenannten Rennöfen verarbeiteten, gerade ausreichten, um eine teigähnliche Masse zu erzeugen, die dann mit Hammer und Amboss geformt werden musste.

Erst im 14. Jahrhundert änderte sich diese Situation grundlegend mit der Erfindung der Hochöfen. In ihnen erzielte man zum ersten Mal Temperaturen, die hoch genug waren, um das Eisen zu gießen. Diese frühen Hochöfen hatten allerdings einen sehr geringen Wirkungsgrad und man benötigte circa vier Tonnen Holzkohle um eine Tonne Roheisen zu erhalten.

In der Mitte des 19. Jahrhunderts entdeckte die Rüstungsindustrie den Stahl für sich. Aber erst die Erfindung des Bessemer- oder Thomas- Verfahrens ließ den Stahl zur Massenware und somit industriell nutzbar werden. Im Zeichen der Industrialisierung basierten diese Verfahren nicht mehr auf menschlicher Arbeitskraft, sondern auf Maschinen, was die Stahlherstellung deutlich erleichterte. Auch das neue Siemens-Martin-Verfahren trug zum Boom der Stahlindustrie bei und ließ diese zu einem treibendem Faktor der Wirtschaft anwachsen.

Mit dem Beginn des ersten Weltkrieges 1914 wurde die Stahlindustrie vor allem in Deutschland weiter gefördert, da immer mehr Kriegsmaschinerie benötigt wurde. Trotz der Niederlage war Deutschland 1929 der zweitgrößte Stahlproduzent der Welt hinter den USA. Nach dem Ende des zweiten Weltkrieges lag die Stahlindustrie in Deutschland aufgrund zerstörter Produktionsstätten am Boden.

Doch schon in den 50er Jahren expandierte die deutsche Stahlindustrie wieder und wurde zum Zeichen des Wiederaufbaus im kriegszerrütteten Deutschland. Es wurden immer bessere und produktivere Stahlherstellungsverfahren entwickelt, um die weltweit steigenden Nachfrage befriedigen zu können.

Erst die Stahlkrise von 1973, bei der der Stahlpreis durch eine Überproduktion ins Bodenlose fiel, beendete das Wachstum der Stahlindustrie, wovon diese sich bis heute noch nicht gänzlich erholt hat (vgl. Maier-Bode, S. (2009): Stahl - Harter Werkstoff, hartes Geschäft).

Doch wird Eisen und Stahl auch in der Zukunft noch diese bedeutende Rolle in der Weltwirtschaft spielen oder ist ein Bedeutungsverlust absehbar? Um diese Frage beantworten zu können, muss man zunächst einmal Eisen und Stahl genauer betrachten, um zu verstehen, was sie so einzigartig und unabdingbar macht.

2 Eisen und Stahl

2.1 Eisen

2.1.1 Natürliche Eisenvorkommen auf der Erde

Die Erdkruste besteht zu etwa 6,2% aus Eisen. Somit ist Eisen das viert-
häufigste Element und das zweithäufigste Metall nach Aluminium in der
Erdkruste (vgl. Riedel, E. (2004): Anorganische Chemie, 6. Auflage, o.O.
S. 816). Aber nicht nur auf der Erde ist Eisen häufig vorzufinden, sondern
auch im Weltall. Der Kern des Mondes zum Beispiel besteht überwiegend
aus Eisen. Die größten zur Roheisengewinnung momentan genutzten Eisenerzvorkommen auf der Erde befinden sich in China, Brasilien, Australi-
en und Indien. Diese vier Länder bauen etwa 83% der Weltförderung von
Eisenerzen ab (vgl. United States Survey (2009): Bodenschätze- Eisen).
Das mit 17 Milliarden Tonnen größte Eisenerzvorkommen befindet sich
unter dem Amazonasurwald in Brasilien. Es wird im Tagebau abgebaut
und trägt somit zur starken Abholzung des Regenwaldes beträchtlich bei.

2.1.2 Natürliche Formen und Verbindungen von Eisen

Das Element Eisen kommt nur chemisch gebunden in sogenannten Eisenerzen vor, hauptsächlich in Verbindung mit Sauerstoff, Schwefel oder
Kohlenstoff. Die natürlich am zahlreichsten auftretenden und somit wichtigsten Eisenerze sind:

- Magneteisenstein/Magnetit (Fe_3O_4)
- Roteisenstein/Hämatit (Fe_2O_3)
- Brauneisenstein/Limonit ($Fe_2O_3 \cdot (n \times H_2O)$).

In gelöster Form kommen am häufigsten $Fe(OH)_2$ und $Fe(OH)_3$ in Gewäs-
sern und Meeren vor. Diese Verbindungen besitzen allerdings nur eine
sehr geringe Löslichkeit. Oft liegt Eisen auch in Form kleiner Bläschen
oder Einschlüsse in anderen Gesteinen vor. Diese Form wird allgemein
als gediegen bezeichnet. Ob eisenhaltige Verbindungen einen roten, gel-
ben oder braunen Farbton annehmen, hängt von dem Hämatit- und Limo-

nitgehalt ab (vgl. Holleman, A./Wiberg, E. (1995): Lehrbuch der Anorganischen Chemie; S.1504f.). Insgesamt sind heute circa 1420 natürliche Eisenverbindungen bekannt.

2.1.3 Gewinnung von Roheisen im Hochofen

Eisenerze können nicht direkt verarbeitet werden, da sie durch andere Elemente verunreinigt sind. Diese Verbindungselemente oder Einschlüsse stellen die sogenannte Gangart dar und müssen entfernt werden, da sie die Qualität des Roheisens und somit auch des Stahles herabsetzen. Unter Roheisen versteht man gereinigtes Eisen mit einem Kohlenstoffgehalt zwischen 4 und 5%. Dies geschieht während der Roheisengewinnung im Hochofen oder alternativ in elektrischen Öfen. Ein Hochofen ist circa 30 Meter hoch und hat einen Durchmesser zwischen 10 und 14 Metern. Er wird abwechselnd mit einer Schicht Koks, einem starken Brennstoff mit einem Kohlenstoffgehalt über 98%, und einer Schicht Eisenerz beschickt. Diese Beschickung erfolgt über den „Schacht" durch einen Schrägaufzug (vgl. Holleman/Wiberg (1995) S.1506f.). Den Eisenerzen werden für den Hochofenprozess verschiedene Zuschläge untergemischt, die während des Prozesses mit der Gangart Calciumaluminiumsilicate bilden. Die entstehenden Calciumaluminiumsilicate werden auch als Schlacke bezeichnet und besitzen einen sehr niedrigen Schmelzpunkt. Besteht die Gangart aus calciumoxid-haltigen Verbindungen, muss den Eisenerzen ein Zuschlag

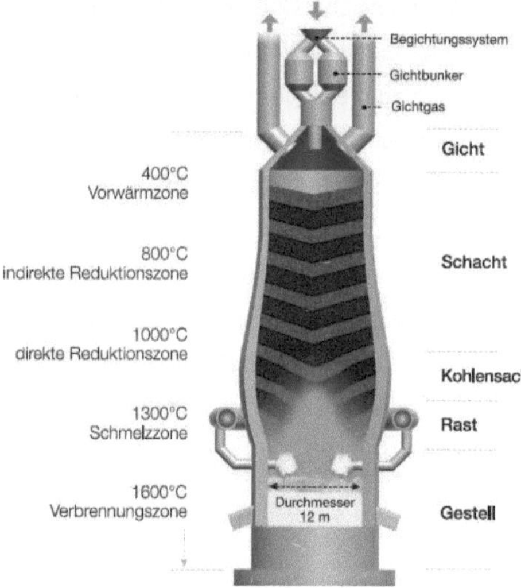

Abb 1: Aufbau und Temperaturzonen des Hochofens

aus aluminiumoxid- und siliziumoxidhaltigen Elementen beigemischt werden und anders herum, um die schädliche Gangart aus dem Roheisen zu entfernen. Aluminiumoxid- und siliziumoxidhaltige Verbindungen können zum Beispiel Feldspat oder Schichtsilicate sein. Zur Herstellung einer Tonne Roheisen benötigt man ungefähr 2 Tonnen Eisenerz, 1 Tonne Koks, eine ½ Tonne Zuschläge zur Bildung der Schlacke und etwa 5 ½ Tonnen Gebläseluft (vgl. Holleman/Wiberg (1995) S.1508). Der Hochofenprozess beginnt damit, dass Luft durch einen sogenannten „Winderhitzer" auf eine Temperatur von etwa 1000-1300 °C erhitzt und von unten in die „Rast" geblasen wird. Dort verbrennt das Koks stark exotherm zu Kohlenstoffdioxid.

$$C(s) + O_2\,(g) \rightarrow CO_2(g) \quad \Delta E = -394 \text{ kJ/mol}$$

Die freiwerdende Energie erhitzt das Gemisch auf ungefähr 1600 °C und an der Einblasstelle sogar bis zu 2300 °C. Das entstandene Kohlenstoffdioxid reagiert mit dem heißen Koks aufgrund des Boudouard-Gleichgewichts weiter zu Kohlenstoffmonoxid.

$$CO_2(g) + C(s) \rightarrow 2 \times CO(g) \quad \Delta E = +173 \text{ kJ/mol}$$

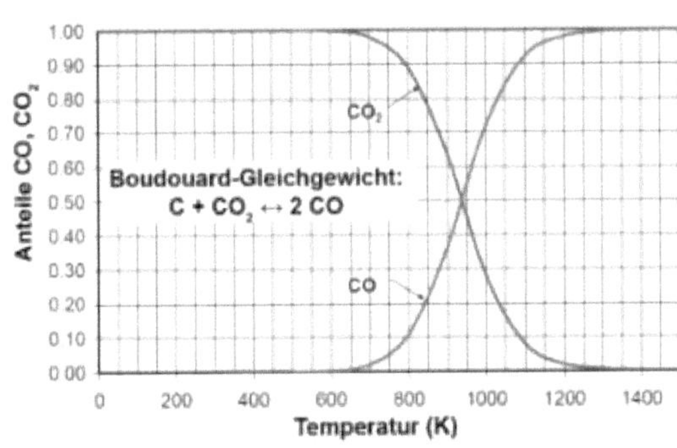

Abb. 2: Boudourd Gleichgewicht

Das Boudouard-Gleichgewicht beschreibt das chemische Gleichgewicht zwischen Kohlenstoff, Kohlenstoffmonoxid und Kohlenstoffdioxid in Abhängigkeit der Temperatur. Durch die endothermen Reaktionen zu Kohlenstoffmonoxid kühlt sich die „Rast" leicht ab. Das entstandene Kohlenstoffmonoxid reduziert die Eisenoxide der Erzschichten zu dem sogenannten Wüstit (FeO). Dieses Wüstit wird nun von Kohlenstoffmonoxid zu Eisen reduziert:

$$FeO(l) + CO(g) \rightarrow Fe(l) + CO_2(g) \quad \Delta E= -17kJ/mol$$

Durch den „Schacht" wird das entstandene Kohlenstoffdioxid, wie in einem Kamin, nach oben gesaugt, wo es wiederum die nächste Koksschicht aufgrund des Boudouard-Gleichgewichts oxidiert. Das entstehende Kohlenstoffmonoxid reagiert dann wiederum mit der nächsten Eisenerzschicht und bildet Eisen. Dieser Vorgang wird „direkte Reduktion" genannt. Die Gesamtgleichung für die „direkte Reduktion" lautet:

$$2{\times}FeO(l) + C(s) \rightarrow 2{\times}Fe(l) + CO_2(g) \quad \Delta E= +138 \text{ kJ/mol}$$

Sinkt die Temperatur des aufsteigenden Kohlenstoffmonoxids auf unter 900-1000 °C, so findet nur noch die Reduktion von Eisenoxiden und die Bildung von Kohlenstoffdioxid statt, da das Boudouard-Gleichgewicht nicht mehr mit ausreichender Geschwindigkeit eintritt. Dieser Vorgang wird „indirekte Reduktion" genannt und findet nur noch im oberen Teil des Hochofens statt. Dort werden die im Eisenerz enthaltenen Eisenhydroxide, Hämatit und Magnetit (Fe_2O_3 und Fe_3O_4), reduziert. Die Reaktionsgleichung der Reduktion ist:

$$3{\times}Fe_2O_3(l)+ CO(g) \rightarrow 2{\times}Fe_3O_4(l) + CO_2(g) \quad \Delta E= -47 \text{ kJ/mol}$$

Das entstandene Fe_3O_4 reagiert mit Kohlenstoffmonoxid weiter zu Eisenoxid und Kohlenstoffdioxid:

$$Fe_3O_4(l) + CO(g) \rightarrow 3{\times}FeO(l) + CO_2(g) \quad \Delta E= +37kJ/mol$$

Das entstehende Wüstit reagiert, sobald es im Hochofen weiter nach unten gesickert ist, zu Eisen und Kohlenstoffdioxid. Das im unteren Teil des Hochofens entstandene flüssige Eisen kann maximal 4,3% Kohlenstoff in sich lösen, was beim Kontakt des flüssigen Eisens mit dem stark kohlenstoffhaltigen Brennstoff Koks bis zur Sättigung abläuft. Dadurch verringert sich der Schmelzpunkt des Eisens von 1539 °C auf 1150 °C.

Am oberen Ende des „Schachtes" entweicht das sogenannte Gichtgas. Es besteht überwiegend aus elementarem Stickstoff, Kohlenstoffmonoxid und Kohlenstoffdioxid. Dieses Gichtgas wird zur Erwärmung der oberen Beschickungen auf etwa 250 - 400 °C genutzt.

Das beim Hochofenprozess entstandene Eisen tropft durch das Hochofengestell nach unten und sammelt sich unter der spezifisch leichteren Schlacke, die aus der Gangart und den Zusätzen entstanden ist. Die flüssige Schlacke schützt das entstandene, reine Eisen gegen eine erneute Oxidation durch die von oben einströmende Gebläseluft. Das sich im Gestell angesammelte Roheisen wird dann durch das sogenannte „Stichloch" abgestochen und weiterverarbeitet (vgl. Riedel (2004), S.817- 820).

2.1.4 PRODUKTE DES HOCHOFENPROZESSES

Beim Hochofenprozess entstehen Schlacke, Gichtgas und Roheisen. Die Schlacke, die spezifisch leichter als Roheisen ist und somit auf dem flüssigen Roheisen treibt, wird über eine zweite Öffnung, welche oberhalb des „Stichloches" liegt in ein Wasserbecken, die sogenannte „Schlackeform", abgeführt. Die abgekühlte Schlacke setzt man je nach Zusammensetzung entweder als Straßenbaumaterial oder zur Herstellung von Hochofenzement, Mörtel oder Bausteinen ein.

Das entstandene Gichtgas muss zuerst gereinigt werden, da es feinen Staub mitführt. Danach kann es zur Erhitzung der Luft im „Winderhitzer" oder zum Betreiben von Gebläse-, Pump-, Beleuchtungs- oder Transportvorrichtungen genutzt werden (vgl. Holleman/Wiberg (1995) S.1509).

Das im Hochofenprozess entstandene Roheisen besitzt:

- einen Kohlenstoffanteil (3.5-4,3 %)
- einen Siliziumanteil (0,5%-3%)
- einen Mangananteil (0,2%-5%)
- einen Phosphoranteil (0,01%-2%)
- einen Schwefelanteil (0,01%-0,06%)

(vgl. Riedel (2004) S.820). Lässt man das flüssige Roheisen in Sandformen, den sogenannten „Masselbetten", langsam abkühlen, so scheidet sich der im Roheisen gelöste Kohlenstoff ab und bildet eine Graphitschicht. Voraussetzung dafür ist, dass der Siliziumteil den Mangananteil überwiegt. Das zurückbleibende Roheisen wird als „graues Roheisen" (Schmelzpunkt um etwa 1200 °C) bezeichnet. Das „graue Roheisen" wird als „Gusseisen" weiterverarbeitet.

Kühlt man das flüssige Roheisen allerdings schnell ab, zum Beispiel in Eisenschalen („Kokillen"), so bleibt der Kohlenstoff als Eisencarbit oder „Cementit" (Fe_3C) im Eisen zurück. Das entstandene Roheisen wird „weißes Roheisen" genannt. Dafür muss der Mangangehalt des Roheisens allerdings größer als der Siliziumgehalt sein. Das „weiße Roheisen" wird in Stahlwerken direkt weiterverarbeitet.

Roheisen, unabhängig davon ob „weißes oder graues Roheisen", ist aufgrund des hohen Kohlenstoffanteil sehr spröde. Beim Erhitzen erweicht Roheisen nicht allmählich, sondern schlagartig, was es untauglich zum Schmieden oder Schweißen macht. Um dies zu vermeiden, muss der Kohlenstoffgehalt unter 1,7% betragen. Dann wird das Roheisen als schmiedbares Eisen oder Stahl bezeichnet (vgl. Holleman/Wiberg (1995) S.1508f.).

Heute zeichnet sich allerdings ein Trend ab, der die Herstellung von Roheisen im Hochofen an Bedeutung verlieren lässt. Bei vielen Stahlherstellungsverfahren werden Stahlschrott und Eisenschwamm recycelt, wodurch man nicht mehr so viel Roheisen benötigt, um eine ähnliche Menge an Rohstahl herzustellen.

2.2.1 HERSTELLUNG VON STAHL AUS ROHEISEN

Damit aus Roheisen Stahl hergestellt werden kann, muss es zunächst entkohlt und störende Begleitelemente, wie Phosphor, Schwefel, Sauerstoff und Silicium, müssen entfernt werden. Dies geschieht in der Sekundärmetallurgie.

Um überhaupt mit dem Roheisen arbeiten zu können, wird es in dem sogenannten „Konverter" oder der „Birne" eingeschmolzen. Der Schmelzpunkt des verwendeten „weißen Roheisens" liegt bei etwa 1100°C. Zum Entkohlen wird dem flüssigen Roheisen entweder über Düsen im Boden des Konverters oder von oben Sauerstoff eingeblasen. Dieser Vorgang wird als „Frischen" bezeichnet. Es bildet sich Eisenoxid, und Sauerstoff löst sich im Eisen. Der im Eisen gelöste Sauerstoff reagiert mit dem ebenfalls gelösten Kohlenstoff und bildet Kohlenstoffmonoxid:

$$2 \times C(l) + O_2(l) \rightarrow 2 \times CO(g)$$

Das Eisenoxid reagiert wiederum mit den Begleitelementen:

- Silicium [$Si(l) + 2 \times FeO(l) \rightarrow SiO_2(l) + 2 \times Fe(l)$]
- Mangan [$Mn(l) + FeO(l) \rightarrow MnO(l) + Fe(l)$]
- Phosphor [$2 \times P(l) + 5 \times FeO(l) \rightarrow P_2O_5(l) + 5 \times Fe(l)$]

Die neu entstandenen Oxide der Begleitelemente lösen sich wiederum im restlichen Eisenoxid. Um diese störenden Oxide aus dem Eisenoxid zu trennen, wird Calciumoxid beigegeben, welches mit den Oxiden Schlacke ausbildet. Sowohl die Reaktionen der Begleitelemente wie auch die Reaktion des Kohlenstoffs mit Sauerstoff sind stark exotherm und erhitzen das Gemisch zusätzlich.

Im Stahl gelöster Sauerstoff bildet bei der Erstarrung des Stahles oxidische Einschlüsse, die die Qualität des Stahls beeinträchtigen. Deshalb wird der entstandene Rohstahl, der nun einen Kohlenstoffanteil unter 2%

besitzt, anschließend desoxidiert. Dafür wird dem flüssigen Stahl ein Desoxidationsmittel wie zum Beispiel Aluminium zugegeben. Das entstandene Aluminiumoxid lagert sich in der Schlacke ab:

$$2{\times}Al(s) + 3{\times}O(g) \rightarrow Al_2O_3(l)$$

Auf die Desoxidierung folgt die Entschwefelung des Stahles, bei der mit Calcium, Magnesium oder Calciumcarbit der Schwefel in Sulfide überführt wird. Diese Reinigungsverfahren werden in leicht abgewandelter Form bei jedem Stahlherstellungsverfahren angewendet (vgl. Riedel (2004), S.820f.).

2.2.2 STAHLHERSTELLUNGSVERFAHREN

 Es gibt verschiedene Verfahren zur Rohstahlherstellung.

Das mittlerweile veraltete Thomas-Verfahren war ein Windfrischverfahren, bei dem Luft durch Düsen von unten in die sogenannte Thomas-Birne geleitet wurde. Dabei wird der im Roheisen gelöste Kohlenstoff von dem in der Luft enthaltenen Sauerstoff oxidiert und bildet Kohlenstoffmonoxid, welches über den Kamin oberhalb des Konverters aufgefangen und abgeführt wird. Das Thomasverfahren wurde vor allem zur Verarbeitung von stark phosphorhaltigem Roheisen benutzt. Die entstandene Schlacke konnte als Dünger genutzt werden und wurde Thomasphosphat genannt (vgl. Riedel (2004), S.821).

Nachteile des Verfahrens waren, dass der in der eingeblasenen Luft enthaltene Stickstoff und Wasserstoff sich im Rohstahl lösten. Stickstoff bildet mit flüssigem Eisen sogenannte Nitride, die die Widerstandsfähigkeit des Stahls gegenüber niedriger Temperaturen heruntersetzt und ihn somit spröde und brüchig macht. Auch der im Stahl gelöste Wasserstoff verschlechtert die Eigenschaften, was zu sogenannten Kaltrissen führen kann. Aufgrund dieser schwerwiegenden Nachteile wurde die Stahlherstellung mithilfe des Thomas-Verfahren in Deutschland 1975 und weltweit um etwa 1980 eingestellt.

Ein weiteres Stahlherstellungsverfahren - das heute im Gegensatz zum Thomas-Verfahren noch angewendet wird - ist das Linz-Donawitz-Verfahren (kurz LD-Verfahren). Beim LD-Verfahren wird dem flüssigen Roheisen Schrott oder Eisenschwamm als Kühlmittel in den Konverter hinzugefügt. Durch eine wassergekühlte, ausfahrbare Lanze wird auf das Gemisch reiner Sauerstoff mit einem Druck von etwa 10 bar in den LD-Konverter eingeblasen. Der Gasstrahl und das beim Frischen entstehende Kohlenstoffmonoxid führen zur Durchmischung der Schmelze. Zusätzlich wird Argon über Düsen im Boden des LD-Konverters eingeblasen, welches mit dem Wasserstoff, der in der Schmelze gelöst ist, reagiert und gleichzeitig die Schmelze weiter durchmischt. Wie im Thomas-Verfahren werden Phosphor, Silicium und Mangan oxidiert und anschließend mit Calciumcarbonat in der Schlacke gebunden. Schwefel und Kohlenstoff hingegen werden durch den Sauerstoff oxidiert und bilden die Gase Schwefeloxid, Kohlenstoffmonoxid und Kohlenstoffdioxid. Diese werden über den Abgaskamin des Konverters abgeleitet.

Die entstandene Stahlschmelze wird nach etwa 30 Minuten abgestochen und in Transportkübel geleitet. Die Schlacke wird separat abgeführt und kann als Straßenbaumaterial verwendet werden. Es folgt der Prozess der Rückkopplung, bei dem der Stahlschmelze kohlenstoffhaltiges Eisen zugeführt wird, um den Kohlenstoffgehalt des Stahls zu steuern, da ein zu geringer Kohlenstoffgehalt sich negativ auf die Eigenschaften des Stahles auswirken würde (vgl. Riedel (2004), S.821f.). Im Jahr 2006 wurden mit dem LD-Verfahren etwa 811 Millionen Tonnen Rohstahl produziert, was etwa 65% der Weltproduktion ausmacht.

Ein Stahlherstellungsverfahren, das heute ebenfalls große Anwendung findet, ist das Elektrostahlverfahren (kurz EAF-Verfahren). Dabei wird das Roheisen und Stahlschrott oder Eisenschwamm in einen sogenannten Lichtbogen- oder Induktionsofen gegeben. Das Elektrostahlverfahren kann auch nur mit Stahlschrott durchgeführt werden, was unter Umweltsgesichtspunkten besser ist, da dafür kein Roheisen benötigt wird.

Einen Lichtbogenofen kann man sich wie einen stählernen Kochtopf vorstellen. Zum Befüllen des Lichtbogenofens wird der Deckel abgehoben und der Schrott und das Roheisen werden hineingegeben. Im Ofen befinden sich an der Oberseite mehrere Kathoden und an der Unterseite mehrere Bodenanoden aus Graphit. Die Anzahl der Elektroden ist abhängig davon, ob der Ofen mit Gleichstrom oder Wechselstrom betrieben wird. An den Elektroden wird eine Spannung, je nach Größe des Lichtbogenofens, zwischen 600 Volt und 1 Kilovolt und eine Stromstärke zwischen 55 und 78 Kiloampere angelegt. Zwischen der Anode, dem Schrott und der Kathode bilden sich sogenannte Lichtbögen. Die Lichtbögen, die einige Tausend Grad heiß sind, übertragen beim Überschlag ihre Energie in Form von Wärmestrahlung auf das Einsatzgut. Zusätzlich wird Sauerstoff eingeblasen, der die Stahlschmelze frischt und überflüssigen Kohlenstoff löst. Um die unerwünschten Begleitelemente des Stahls zu entfernen, wird - ähnlich dem Thomas- und LD-Verfahren - Calciumoxid hinzugegeben. Die Begleitelemente bilden dann mit dem Calciumoxid die Schlacke. Nach etwa einer Stunde ist der Vorgang beendet. Der Lichtbogenofen wird gekippt und die Schlacke abgestochen. Es folgt der entstandene Rohstahl, der in eine sogenannte Pfanne geleitet und mit einem Spezialfahrzeug zum nächsten Schritt der Stahlverarbeitung befördert wird.

Mit dem EAF-Verfahren wurden 2006 etwa 400 Millionen Tonnen Rohstahl hergestellt, was etwa 32% der weltweiten Produktion darstellt (vgl. Hausmann, C. (2009): Einsatz von Baustählen im konstruktiven Ingenieurbau der Gegenwart, S.29-33).

2.2.3 NACHBEHANDLUNG DES ROHSTAHLES

Damit der Stahl in möglichst vielen Bereichen nutzbar wird, muss er nachbehandelt werden. Diese Nachbehandlung des flüssigen Rohstahls erfolgt im letzten Schritt der Sekundärmetallurgie. Ziel ist unter Einhaltung bestimmter Temperaturbereiche die Homogenisierung der Stahlschmelze und eine Regulierung des Kohlenstoffgehaltes sowie der störenden Begleitelemente (zum Beispiel Stickstoff und Wasserstoff).

Das finale Reinigen des Rohstahles erfolgt in einer Vakuumanlage, in der ein Restdruck von nur 5 Millibar herrscht. Dort werden restliche Gase, die im flüssigen Stahl noch eingeschlossen sind, abgesaugt. Sie bilden sonst Einschlüsse im Stahl und beeinflussen die Qualität des Stahls negativ.

Der nächste Nachbearbeitungsschritt des Stahls findet in den sogenannten Pfannenöfen statt, in denen der Stahl als erstes auf die perfekte Gießtemperatur hochgenau eingestellt wird. In den Pfannenöfen wird der Stahl von Sauerstoffrestbeständen mit Hilfe von Aluminiumdraht befreit. Gleichzeitig werden verschiedene Elemente beigesetzt um den Stahl zu legieren. Die wichtigsten Legierungselemente sind:

- Chrom (Cr)
- Nickel (Ni)
- Silicium (Si)
- Mangan (Mn)
- Molybdän (Mo)

Diese Elemente werden aber nicht als freie Elemente, sondern als Ferrolegierungen der Schmelze beigegeben. Ferrolegierungen sind Verbindungen der Legierungselemente mit Eisen.

Dabei ändert jedes Legierungselement die Eigenschaften des Stahles auf seine eigene Art und Weise. Zum Beispiel erhöht ein hoher Chromanteil die Härte des Stahles, wohingegen ein hoher Nickelanteil die Zähigkeit erhöht. Stahl mit einem sehr hohen Nickelanteil von über 36% sorgt dafür, dass sich der Stahl bei großer Hitze nicht ausdehnt. Eine Kombination aus Nickel und Chrom lassen den Stahl sehr korrosionsfest werden und ein hoher Siliziumgehalt erhöht die Säurebeständigkeit des Stahles (vgl. Riedel (2004), S.822).

Die Eigenschaften des fertigen Stahl sind stark abhängig vom restlichen Kohlenstoffanteil in Kombination mit den Legierungselementen.

Stähle werden als unlegiert bezeichnet, wenn ihnen keine Begleitelemente beigemischt wurden. Die Eigenschaften dieser Stahlsorten werden alleine über den Kohlenstoffgehalt variiert.

Edelstähle hingegen stellen nichts anderes als einen besonders reinen Stahl dar, bei dem der Schwefel- und Phosphoranteil auf unter 0,025% reguliert wurde. Edelstahl besitzt ein breites Feld von Anwendungsmöglichkeiten. Er wird zum Beispiel für Maschinen, Werkzeuge, Autoteile und vieles Weitere verwendet und ist somit aus unserem Alltag kaum noch wegzudenken (vgl. Lautenschläger, H./Schröter, W./Wanninger, A. (2005): Taschenbuch der Chemie; S.571-573).

Liegt der Kohlenstoffanteil des Stahles unter 0,4% so ist er nicht härtbar und wird dann als Schmiedeeisen oder Baustahl bezeichnet. Wie sich aus der Bezeichnung schon erahnen lässt, wird dieser Stahl im Baugewerbe und zum Schmieden von Messern und anderen Gebrauchsgegenständen benutzt.

Besitzt der Stahl allerdings einen Kohlenstoffanteil zwischen 0,4% und 1,7% so lässt sich dieser härten. Dies geschieht beim Erhitzen auf etwa 800°C und dem anschließenden Abschrecken des Stahls in kaltem Wasser. Dieser Prozess des Härtens ist auf eine Änderung der kristallinen Strukturen des Eisens zurückzuführen (vgl. Holleman/Wiberg (1995), S.1509f.).

Stähle müssen aber nicht nur aus einer Stahlsorte bestehen. Der Damaszenerstahl zum Beispiel, ist ein Gemisch aus unterschiedlich legierten Stählen, die beim sogenannten Feuerschweißen verbunden werden und sehr widerstandsfähig sind. Dieser Stahl eignet sich hervorragend zum Fertigen von Messern und Säbeln.

Ein Stahl, der sehr temperaturwiderstandsfähig und zugleich hart ist, wird als Schnellarbeitsstahl bezeichnet. Dieser wird vor allem für Messinstrumente und schnelllaufende Werkzeuge verwendet, wie zum Beispiel Bohrer. Dabei besitzt dieser einen 10%-Anteil von Wolfram und Cobalt, 4% Molybdän und 3% Vanadium.

Stähle, die einen Chromanteil über 10,5% und einen Kohlenstoffgehalt unter 1,2% besitzen, werden allgemein als rostfreie Stähle bezeichnet. Eine der wichtigsten rostfreien Stahlsorten ist der VA Stahl. Dazu gehören der V2A Stahl, der später durch V4A Stahl ersetzt wurde und die weniger benutzten V1A, V3A und V5A Stähle. V2A Stahl besaß einen Eisenanteil von 71%, einen Chromanteil von 20%, einen Nickelgehalt von 8%, 0,2% Silicium und einen Kohlenstoff- und Mangananteil, der unter 0,1% liegt. V4A Stahl besitzt zusätzlich zum V2A Stahl einen 2% Anteil von Molybdän, was diesen widerstandsfähiger gegen Korrosion macht. Gegenwärtig gibt es etwa 2500 verschiedene Sorten von Stahl und ihre Vielfalt wächst stetig (vgl. http://www.seilnacht.com/Lexikon/legier.htm).

Betrachtet man die Entwicklung der Produktionszahlen von Stahl und Roheisen, so stellt man einen stetigen Zuwachs fest. Betrug die weltweit produzierte Menge Stahl im Jahr 2000 etwa 849 Millionen Tonnen, so lag sie 2010 schon bei 1419 Millionen Tonnen. Dies bedeutet einen durchschnittli-

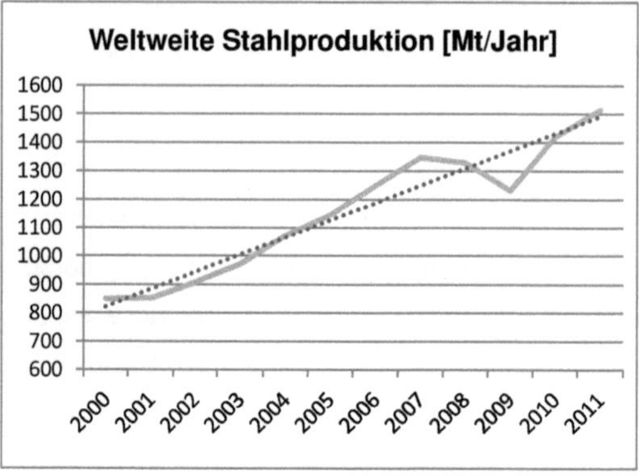

Abb. 3: Weltweite Stahlproduktion (2000-2011)

chen Anstieg um etwa 7% per anno (vgl. Trendlinie in Abb. 3).

Aber nicht nur die Produktion von Stahl und Roheisen steigt. Es werden auch stets neue Einsatzgebiete für Eisen und Stahl entdeckt und erforscht, zum Beispiel der Einsatz von Eisenatomen als digitale Massenspeicher (vgl. Dapd (2012): Zwölf Eisenatome genügen als Träger für ein Bit, In: Main-Echo, Ausgabe 17/2012, S.5).

Gleichzeitig wird aber auch an Alternativwerkstoffen zu Eisen und Stahl mit ähnlichen Eigenschaften, aber geringerem Gewicht geforscht (vgl. o.A. (2011): Keramik – Alternative zu Eisen und Stahl). Viele dieser Alternativen stecken allerdings noch in den Kinderschuhen oder sind momentan noch zu teuer, um sie im industriellen Maßstab nutzen zu können.

Wie man sehen kann, ist ein Ende des Siegeszuges von Eisen und Stahl und somit ein Bedeutungsverlust in nächster Zeit nicht absehbar. Eisen und Stahl werden noch für lange Zeit eine wichtige Rolle in der Weltwirtschaft und in unserem Alltag spielen.

4 Literatur- und Quellenverzeichnis

Literaturquellen

ARNI, A. (2003): Verständliche Chemie; 2. überarbeitete Auflage; Weinheim

BROWN, T./LEMAY, E./BURSTEN, B. (2007): Chemie: Die zentrale Wissenschaft; 10. aktualisierte Auflage; München

CHRISTEN, H./MEYER, G. (1997): Grundlagen der Allgemeinen und Anorganischen Chemie ; 1. Auflage; Frankfurt am Main

HOLLEMAN, A./WIBERG, E. (1995): Lehrbuch der Anorganischen Chemie; 101. verbesserte und stark erweiterte Auflage; Berlin/New York

LAUTENSCHLÄGER, H./SCHRÖTER, W./WANNINGER, A. (2005): Taschenbuch der Chemie; 20. Überarbeitete und erweiterte Auflage; Frankfurt a. Main

RIEDEL, E. (2004): Anorganische Chemie; 6. Auflage; o.O.

Zeitungsquellen

DAPD (2012): Zwölf Eisenatome genügen als Träger für ein Bit; In: Main-Echo; Ausgabe 17/2012, S.5

Internetquellen

AG DER DILLINGER STAHLWERKE/ MINISTERIUM FÜR BILDUNG, JUGEND UND FRAUEN/ WEBER, C. (o.J.): o.A., auf: http://www.dillinger.de/cdstahlherstellung/cd/screens/htmlscopt/menue.html, aufgerufen am 31.05.2012

HAUSMANN, C. (2009): Einsatz von Baustählen im konstruktiven Ingenieurbau der Gegenwart; auf: http://www.scribd.com/doc/60707148/20/Das-Elektrostahlverfahren; aufgerufen am 22.09.2012

KÄLIN, O. (2012): Eisen; auf: http://www.formteile.ch/eisen.htm; aufgerufen am 30.05.2012

LUTZ, P. (o.J.):Beschreibung der Metalle – Eisen und Stahl; auf: http://mitglied.multimania.de/peterlutz/metalle/mmet3b.html; aufgerufen am 30.05.2012

MAIER-BODE, S. (2009): Stahl-Harter Werkstoff, hartes Geschäft; auf: http://www.planet-wissen.de/alltag_gesundheit/werkstoffe/stahl/index.jsp; aufgerufen am: 30.05.2012

UNITED STATES SURVEY (2009): Bodenschätze- Eisen; auf http://www.welt-auf-einen-blick.de/bodenschaetze/eisen.php; aufgerufen am 22.09.2012

WEINKOPF, M. (2001): Die Eisenherstellung/-gewinnung; auf:
http://www.fundus.org/pdf.asp?ID=8967; aufgerufen am 22.09.2012

O.A. (2011): Keramik – Alternative zu Eisen und Stahl; auf:
http://www.allaboutsourcing.de/de/keramik-alternative-zu-stahl-und-eisen/;
aufgerufen am 31.05.2012

http://www.seilnacht.com/Lexikon/legier.htm; aufgerufen am 21.10.12

Abbildungsverzeichnis

Abbildung 1: auf http://www.pinkperfume.net, aufgerufen am 22.09.12

Abbildung 2: auf http://www.oxycoal.de/index.php?id=1243, aufgerufen am 22.09.12

Abbildung 3: selbst erstellt, mit Werten von http://www.worldsteel.org/statistics/statistics-archive.html, aufgerufen am 22.09.12